T/CAGHP 076—2020

目 次

前言 .... Ⅲ
引言 .... Ⅴ
1 范围 1
2 规范性引用文件 1
3 术语和定义 1
4 总则 3
5 基本规定 3
6 岩溶地面塌陷分类及危害分级 4
   6.1 岩溶地面塌陷分类 4
   6.2 岩溶地面塌陷防治工程等级划分 5
   6.3 岩溶地面塌陷勘查地质条件复杂程度划分与岩溶区类型 6
7 主要勘查方法 7
   7.1 资料收集 7
   7.2 遥感解译 7
   7.3 水文地质与工程地质测绘 8
   7.4 钻探 8
   7.5 槽探和浅井 9
   7.6 物探 10
   7.7 测试与试验 10
   7.8 监测 11
8 立项论证阶段调查 12
   8.1 一般规定 12
   8.2 资料收集 12
   8.3 现场踏勘 12
   8.4 立项建议书编写 12
9 可行性论证阶段勘查 12
   9.1 一般规定 12
   9.2 资料收集 13
   9.3 区域地质环境条件调查 13
   9.4 水文地质与工程地质测绘 13
   9.5 勘探和测试 14
   9.6 监测 17
   9.7 施工条件调查 17
   9.8 综合研究和勘查报告编写 17
10 施工图阶段勘查 18

10.1 一般规定	18
10.2 水文地质与工程地质测绘	18
10.3 勘探和测试	18
10.4 监测	19
10.5 施工条件调查	19
10.6 综合研究及勘查报告编制	19
11 施工阶段补充勘查	19
11.1 一般规定	19
11.2 施工地质测绘	19
11.3 勘探	20
11.4 监测	20
11.5 综合研究及施工勘查报告编写	20
附录A（规范性附录） 野外调查记录卡片	21
附录B（资料性附录） 岩溶形态与地貌类型划分	41
附录C（资料性附录） 监测钻孔成孔工艺	42
附录D（资料性附录） 岩溶地面塌陷综合评估	43
附录E（资料性附录） 岩溶发育程度分析	46
附录F（资料性附录） 不同类型岩溶区地质特征表	47
附录G（资料性附录） 岩溶地面塌陷稳定性评价	48

前　言

本规范按照 GB/T 1.1—2009《标准化工作导则　第 1 部分：标准的结构和编写》给出的规则起草。

本规范附录 A 为规范性附录，附录 B 至附录 G 为资料性附录。

本规范由中国地质灾害防治工程行业协会提出和归口管理。

本规范主编单位：广东省工程勘察院、中国地质科学院岩溶地质研究所、中煤地质工程有限公司、广东省有色金属地质局九四〇队、广州市城市规划勘测设计研究院、广东省地质测绘研究院、山东省鲁南地质工程勘察院（山东省地勘局第二地质大队）。

本规范参编单位：深圳市工勘岩土集团有限公司、广东省地质测绘院、广东省地质局第四地质大队、广东核力工程勘察院、深圳市岩土综合勘察设计有限公司、贵州省地质环境监测院、韶关地质工程勘察院、深圳市地质局、广东省地质物探工程勘察院、广东有色工程勘察设计院。

本规范主要起草人：雷明堂、魏国灵、蒋小珍、张立才、温汉辉、彭卫平、詹景祥、谭现锋、王军、刘福胜、张志坚、刘伟、李冰峰、陈洪年、金云龙、王庆学、梁家海、张庆华、符彦、叶进霞、谢先明、王树怀、林玮鹏、陈凌伟、叶美芬、贾德旺、戴建玲、王贤能、李新元、杨贤伟、杨亚彬、余江、吴小云、艾桂根、杨斌、乔丽平、刘动、刘秀伟、段方情、陈强、李雁鸣、金亚兵、罗建琛、黄志华、蒙胜武、徐力峰、魏欣欣、罗伟权、蒙彦、吴远斌、贾龙、殷仁朝、管振德、陈英姿。

本规范由中国地质灾害防治工程行业协会负责解释。

引 言

经广泛调查研究,认真结合岩溶地面塌陷形成演化特点,总结岩溶地面塌陷勘查经验,参考国家现行有关标准,并在全国广泛征求有关单位和专家意见的基础上,制定本规范。

本规范规定了不同阶段岩溶地面塌陷防治工程勘查基本要求。

本规范为中国地质灾害防治工程行业协会标准。

岩溶地面塌陷防治工程勘查规范(试行)

1 范围

本规范规定了岩溶地面塌陷分类及危害分级,立项论证阶段、可行性论证阶段、设计和施工阶段勘查要求,并规定了主要勘查方法、水文地质试验和岩土工程测试、综合评价和勘查报告编制等内容。

本规范适用于岩溶地面塌陷地质灾害防治工程项目,其他类型项目可参照执行。

2 规范性引用文件

下列文件对于本规范的应用是必不可少的。凡是注日期的引用文件,仅注日期的版本适用于本规范。凡是不注日期的引用文件,其最新版本(包括所有的修改单)适用于本规范。

GB 12329　岩溶地质术语
GB 50021　岩土工程勘察规范
GB/T 50123　土工试验方法标准
GB/T 50266　工程岩体试验方法标准
CJJ 76—2012　城市地下水动态观测规程
DZ/T 0097　工程地质调查规范(1:2.5万~1:5万)
DZ/T 0221—2006　崩塌、滑坡、泥石流监测规范
DZ/T 0282—2015　水文地质调查规范(1:50 000)
DZ/T 0283—2015　地面沉降调查与监测规范
DZ/T 0306—2017　城市地质调查规范
SL 320　水利水电工程钻孔抽水试验规程
SL 345　水利水电工程注水试验规程
SL 237—056　粗颗粒土的渗透及渗透变形试验

3 术语和定义

下列术语和定义适用于本规范。

3.1

岩溶地面塌陷 karst collapse, sinkhole

岩溶地面塌陷是与岩溶有关的地面塌陷现象。它是由于溶洞或溶蚀裂隙上覆岩土体在自然或人为因素影响下发生变形破坏,最后在地面形成塌陷坑(洞)的过程和现象。岩溶地面塌陷可分为基岩塌陷和土层塌陷两种。前者由于溶洞顶板失稳塌落而产生;后者由于土洞顶板塌落或土层在地下水渗流作用下发生破坏而产生。

3.2
裸露型岩溶 bare karst
缺少第四系松散堆积物覆盖的岩溶。

3.3
覆盖型岩溶 covered karst
被第四系松散堆积物覆盖的岩溶。

3.4
埋藏型岩溶 buried karst
被非可溶岩岩层覆盖的岩溶。

3.5
红层岩溶 red bed karst
含有可溶岩砾石成分或由钙质等可溶性物质胶结的红色碎屑岩中发育的岩溶,我国多指古近系、白垩系、侏罗系红色碎屑岩中发育的岩溶。

3.6
溶洞 cave, cavern
岩溶作用所形成的空洞的通称。

3.7
岩溶土洞 soil cave, soil void
发育在可溶岩上覆土层中的空洞。

3.8
地下河 subterranean river
具有地表河流主要水文特征的岩溶管道,俗称地下河。

3.9
岩溶充填率 rate of karst filling
充填物体积与岩溶空洞体积的百分比,可分为全充填、半充填、少量充填、无充填。

3.10
岩溶率 rate of karstification, degree of karstification
一定范围内岩溶形态(溶洞、溶隙、溶孔)的规模和密度的定量指标。

3.11
点岩溶率 point karstification rate
单位面积内岩溶形态的个数。

3.12
线岩溶率 line karstification rate
单位长度上岩溶空间形态长度的百分比。

3.13
面岩溶率 surface karstification rate
单位面积上岩溶空间形态面积的百分比。

3.14
体岩溶率 volume karstification rate
孔洞体积占测量可溶岩体积的百分比。

3.15

钻孔见洞率 cave encountering rate of borehole

在一定深度或层位的条件下，揭露到溶洞的钻孔占勘探钻孔总数的百分比。

3.16

岩溶水文地质单元（岩溶含水系统）karst hydrogeological unit

具有统一补给边界、统一地下径流场的岩溶地下水系的流域范围。

3.17

岩溶地面塌陷隐患区 potential zone of karst collapse

有迹象表明可能发生岩溶地面塌陷的地区。

3.18

岩溶地面塌陷易发区 susceptibility zone of karst collapse

具备岩溶地面塌陷发生的基本地质条件、容易发生岩溶地面塌陷的地区。

3.19

岩溶地面塌陷危险区 hazard zone of karst collapse

岩溶地面塌陷易发区内可能对生命财产构成危害的地区。

3.20

岩溶地面塌陷易损性（脆弱性）vulnerability of karst collapse

承灾体抵抗岩溶地面塌陷的能力，包括物质易损性和社会易损性。

3.21

岩溶地面塌陷风险 risk of karst collapse

岩溶地面塌陷易发性、危险性、易损性的组合。

岩溶地面塌陷易发性：在某一给定时间，岩溶地面塌陷发生的概率。

岩溶地面塌陷危险性：在某一给定时间，发生岩溶地面塌陷并造成危害的程度。

3.22

岩溶地面塌陷区 zone of karst collapse

已经发生岩溶地面塌陷的地区。

4 总则

4.1 岩溶地面塌陷防治工程勘查应认真调查研究，充分利用已有资料，及时分析掌握信息。工作内容和工作量应根据工程区岩溶发育条件、工作阶段和工程建设需要确定。

4.2 岩溶地面塌陷防治工程勘查应采用安全可靠的技术手段，所采用的技术手段不应诱发新的岩溶地面塌陷。勘查中发现与前期地质结论不符的重大地质变化时，应及时通知业主单位。

4.3 岩溶地面塌陷防治工程勘查除应符合本规范的规定外，尚应符合国家现行有关标准、规范的规定。

5 基本规定

5.1 对应于防治工程项目的立项论证、可行性论证、设计和施工等阶段，可将岩溶地面塌陷防治工程勘查划分为立项论证阶段调查、可行性论证阶段勘查、施工图阶段勘查和施工阶段补充勘查等4个阶段。

5.2 对于二级、三级岩溶地面塌陷防治工程勘查，以及已经完成1：5万岩溶地面塌陷环境地质调查的场地，应充分收集和分析岩溶地面塌陷区及其周边区域的地质资料，根据实际情况合并勘查阶段。

5.3 在开展勘查之前，应充分收集和分析岩溶地面塌陷区的地质资料，通过现场踏勘，了解岩溶地面塌陷发育分布现状和勘查工作条件，确定勘查范围，编制相应的勘查设计文件。

5.4 应根据影响控制岩溶发育空间分布规律的地质构造和地层产状、已有塌陷坑和岩溶形态分布，以及工程的特点，有针对性地布置勘探线（点），工作量不低于表1要求。

5.5 除立项论证阶段外，岩溶地面塌陷勘查应进行岩溶水文地质与工程地质测绘，测绘精度应不低于表1要求。

5.6 岩溶地面塌陷防治工程勘查的野外工作均应进行现场验收。

表 1 不同阶段精度及主要工作量要求

主要勘查内容	单位	可行性论证阶段		施工图勘查阶段	补充勘查阶段
		重点勘查区	一般勘查区		
工作精度	比例尺	1：500～1：2 000	1：2 000～1：10 000	1：200～1：500	1：200～1：500
观测线路间距	m	50	500	30	/
观测点距	m	20～50	100	15	/
钻孔间距	m	30～50	200～500	15	/
物探线间距	m	30～80	500～1 000	/	/
物探点间距	m	5～10	5～10	5～10	/
原位测试		每一主要土层原位测试数据不应少于6组			
岩石与土工试验		每种主要类型岩、土取样数量不应少于6组			
原状土样渗透变形试验		主要土层、土层扰动带、岩溶充填物取样数量不少于3组			
水化学简分析		所有的地下水统测点			
示踪试验		每一个岩溶地下水强径流带应进行1组以上示踪试验			
抽水或注水试验		所有水文地质孔			
地下水位统测		所有水文地质孔、主要水点			
塌陷水动力监测点距	m	50	500	40	40
地面变形监测点距	m	20	500	10	10
地下岩土变形监测线距	m	/	/	/	10

6 岩溶地面塌陷分类及危害分级

6.1 岩溶地面塌陷分类

6.1.1 岩溶地面塌陷成因分类

根据岩溶地面塌陷的诱发因素，可分为自然塌陷、人为活动诱发的塌陷（简称人为塌陷）两大类型：

  a) 自然塌陷是指在自然条件下形成的岩溶地面塌陷，这类岩溶地面塌陷的诱发因素包括暴雨、地震等，也可以是由于地下水长期溶蚀、侵蚀作用产生。

b) 人为塌陷则是指在人类活动影响下产生的塌陷。根据诱发岩溶地面塌陷的人类活动的特点，可细分为抽水塌陷、矿山（疏干）塌陷、隧道（排水）塌陷、水库蓄水塌陷、废液渗漏塌陷、爆破塌陷、振动塌陷、钻探塌陷、荷载塌陷等。

6.1.2 岩溶地面塌陷规模分类

根据单一塌陷坑的大小、塌陷群包含塌陷坑数量、岩溶地面塌陷的影响范围，可将岩溶地面塌陷规模分为特大型、大型、中型和小型4个等级（表2）。

表2 岩溶地面塌陷规模分级表

分类指标	类型			
	特大型	大型	中型	小型
塌陷坑直径 d/m	$d \geqslant 60$	$20 \leqslant d < 60$	$10 \leqslant d < 20$	$d < 10$
塌陷坑数量 n/个	$n \geqslant 20$	$10 \leqslant n < 20$	$5 \leqslant n < 10$	$n < 5$
影响范围 a/万 m²	$a \geqslant 10$	$5 \leqslant a < 10$	$1 \leqslant a < 5$	$a < 1$

注1：规模分级按就高原则进行。
注2：塌陷坑数量是指塌陷群所有塌陷坑的个数。

6.2 岩溶地面塌陷防治工程等级划分

6.2.1 岩溶地面塌陷防治工程等级应根据岩溶地面塌陷危害对象的重要性和成灾后可能造成的损失大小按表3进行划分。
6.2.2 岩溶地面塌陷危害对象重要性等级的划分应符合表4规定。
6.2.3 岩溶地面塌陷成灾后可能造成的损失大小等级的划分应符合表5规定。

表3 岩溶地面塌陷防治工程等级划分

防治工程等级		危害对象的重要性		
		重要	较重要	一般
成灾后可能造成的损失大小	大	一级	一级	二级
	中	一级	二级	三级
	小	二级	三级	三级

表4 危害对象重要性等级划分

危害对象重要性		重要	较重要	一般
危害对象	人口	城市和集镇规划区	村庄规划与建设	村庄规划与建设
	工程设施	园区、放射性设施、军事和防空设施、核电、油气管道、储油（气）库、机场、学校、医院、剧院、体育场馆大型水利工程、大型电力工程、大型港口码头、大型集中供水水源地、大型水处理厂、大型垃圾处理场	中型水利工程、中型电力工程、中型港口码头、中型集中供水水源地、中型水处理厂、中型垃圾处理场	小型水利工程、小型电力工程、小型港口码头、小型集中供水水源地、小型水处理厂、小型垃圾处理场

表 4 危害对象重要性等级划分（续）

危害对象重要性		重要	较重要	一般
危害对象	交通道路	铁路、城市快速路、城市主干路、枢纽型独立互通立交、长度≥10 km二级（含）以上公路、单跨≥40 m 或总长≥100 m的桥梁	城市次干路、独立互通立交、长度<10 km二级公路、三级（含）以下公路、单跨<40 m 或总长<100 m的桥梁	城市支路
	矿山	大型矿山	中型矿山	小型矿山
	建筑	工业建筑（跨度>30 m）、民用建筑（高度>50 m）	工业建筑（跨度24 m<跨度≤30 m）、民用建筑（24 m<跨度≤50 m）	工业建筑（跨度≤24 m）、民用建筑（高度≤24 m）

表 5 成灾后可能造成的损失大小等级划分

成灾后可能造成的损失大小	灾情	
	直接（潜在）经济损失 H/万元	威胁人数 P/人
大	$H \geq 500$	$P \geq 100$
中	$100 \leq H < 500$	$100 \leq P < 100$
小	$H < 100$	$P < 10$

6.3 岩溶地面塌陷勘查地质条件复杂程度划分与岩溶区类型

6.3.1 岩溶地面塌陷勘查的地质条件复杂程度可根据勘查区岩溶发育程度和岩溶地面塌陷发育现状划分（参见表6、附录E）。

表 6 岩溶地面塌陷勘查地质条件复杂程度分类表

指标	地质条件复杂程度		
	复杂	中等	简单
岩溶发育程度	强烈发育	中等发育	弱发育
岩溶地面塌陷发育现状	岩溶地面塌陷发育强烈,有塌陷群分布,塌陷规模大型、特大型	有岩溶地面塌陷发育,以形成单一塌陷坑为主,塌陷规模中型	岩溶地面塌陷零星发育,塌陷规模小型
注：地质条件复杂程度划分按就高原则进行。			

6.3.2 按可溶岩地层的出露条件,将岩溶区划分为裸露型岩溶区、覆盖型岩溶区和埋藏型岩溶区（表7）,不同类型岩溶区的岩溶地质特征参考附录F。

表 7 岩溶区分类表

分类指标	类型					
	裸露型	覆盖型			埋藏型	
		薄覆盖	厚覆盖	超厚覆盖	浅埋藏型	深埋藏型
可溶岩出露情况	大部分	零星	无		无	
覆盖层		第四系土层			非可溶岩	
覆盖层厚度 D/m	$D<1$	$1 \leq D<30$	$30 \leq D<80$	$D \geq 80$	$D \leq 30$	$D>30$
地表水与地下水联系情况	非常密切	密切	一般不密切	不密切	不密切	不密切

7 主要勘查方法

7.1 资料收集

7.1.1 收集岩溶地面塌陷形成条件与诱发因素资料，包括气象、水文、地形地貌、地层与构造、地震、水文地质、工程地质和人类工程经济活动等。大气降雨资料的收集应跨越最近一个水文年或工作区发生塌陷时所在水文年，包括逐日降雨量、塌陷发生前后1个月的每小时降雨量。

7.1.2 收集岩溶地面塌陷现状与防治资料，包括岩溶地面塌陷灾情报告、应急调查报告、灾害勘查报告、建设用地地质灾害评估报告、地质灾害防治规划等资料。

7.1.3 收集勘查区1∶5万、1∶20万基础地质，水工环地质调查报告和图件，收集勘查区及周边地区重大工程岩土工程勘察资料。

7.1.4 收集有关社会、经济资料，包括人口与经济现状、发展等基本数据，城镇、水利水电、交通、矿山、耕地等工农业建设工程分布状况和国民经济建设规划、生态环境建设规划，各类自然、人文资源及其开发状况与规划等。

7.1.5 应使用最新版本的数字地形图作为工作用图。

7.2 遥感解译

7.2.1 以遥感数据和地面控制点为信息源，获取岩溶地貌、岩溶形态类型和岩溶地面塌陷分布特征，获取人类工程活动特征，获取土地利用或城市化特征，分析岩溶地面塌陷形成和发育的环境地质背景条件，编制遥感解译图件，为岩溶地面塌陷调查提供区域性数据资料。

7.2.2 遥感解译内容应包括：
  a) 解译岩溶地貌类型、岩溶形态类型。
  b) 解译岩溶地面塌陷规模、形态及其时空变化。
  c) 通过不同时间遥感图像的对比，分析城市化、城市发展和土地利用变化特征，获取土地利用现状和重大工程信息。
  d) 解译有明显地表特征的水文地质现象，分析地表水和地下水的赋存条件；圈定泉群、地下水渗出带及渗漏带等各富水地段。

7.2.3 遥感解译工作应包括：
  a) 尽可能地收集最新的卫星和航空遥感信息资料，采用高分辨率卫星图像。对于进行动态研究的地区，还应收集不同时期的遥感信息资料。应使用无人机遥感数据资料作为遥感信息源，获取现势信息。

b) 借助遥感地质解译,以遥感影像为信息源,以专业分析软件为平台,根据地质体的遥感解译标志,解译圈定岩性、构造、接触关系、塌陷坑等地质现象。以遥感影像为背景,通过坐标配准,叠合专题地质图层,结合地质体的影像特点,进行对比修正解译。

c) 遥感解译编图:根据解译结果,编制与地面测绘相同比例尺的工作区遥感解译图。

7.3 水文地质与工程地质测绘

7.3.1 地面调查的目的是初步查明工作区岩溶地面塌陷发育的地质环境条件及岩溶地面塌陷发育的基本规律。

7.3.2 野外调查工作手图比例尺应采用与勘查阶段一致或更高精度的地形图。

7.3.3 野外观测路线间距、观测控制点数量应符合要求。

7.3.4 野外观测路线:应采用"网格法""穿越法与追索法""走访与实测"相结合的方法,调查路线宜垂直岩层与构造线走向以及地貌变化显著的方向进行穿越调查;对危及城镇、矿山、重要公共基础设施、主要居民点的地质灾害点和人类工程活动强烈的公路、铁路、水库、输气管线等应采用追索法调查。

7.3.5 野外调查定点应符合以下规定:

a) 采用GPS定点获取观测控制点的地理坐标,对于地下水统测点,应采用高精度GPS(如RTK GPS)进行测量。

b) 野外观测点的调查记录须按照调查表规定的内容逐一填写,不得遗漏主要调查要素,并用野外调查记录本做沿途观察记录,附必要的示意性平面图、剖面图或素描图以及影像资料等。

c) 对于塌陷坑的调查应"一坑一表",不得将相邻的塌陷坑合定为一个观测点。

d) 凡能在图上表示出面积和形状的灾害地质体,均应在实地勾绘在手图上,不能表示实际面积、形状的,用规定的符号表示。

e) 工作手图上的各类观测点和地质界线,应在野外采用铅笔绘制。

7.4 钻探

7.4.1 钻探目的:

a) 查明各岩、土体的岩性、厚度、结构、空间分布与变化规律。

b) 查明土洞的空间分布和物质组成;了解地下岩溶形态、规模、充填情况及其空间变化规律。

c) 了解岩溶含水层与上覆松散地层孔隙(裂隙)含水层的岩性、厚度、埋藏条件、富水性及相互水力联系。

d) 采取各类试验的岩土样及野外试验,了解岩土样性质及随深度变化规律。

e) 利用钻孔进行地下水动态监测。

7.4.2 钻孔布置应符合以下规定:

a) 钻探应在地面调查和物探工作基础上进行,每个钻孔都应有明确的地质目的和要求。

b) 勘探线(点)的布置,应考虑控制不同岩溶单元和不同类型的岩、土体,以及垂直于地形地貌和构造线及地下水流方向,并力图穿越主要岩溶管道。

c) 对主要塌陷点或塌陷密集地段,应布置钻孔进行控制,以了解其形成条件,勘探线应沿着塌陷的扩展方向布置。

d) 应一孔多用,首先查明勘探点隐伏岩溶发育特点、岩土特征,其次为井中物探服务,最后作为监测孔,为地下水统测、岩溶管道裂隙系统水气压力的实时监测服务。

7.4.3 钻孔深度及终孔孔径应满足以下规定:
a) 水文地质钻孔一般要求揭露主要含水层(组)或岩溶发育带,孔深一般应揭露岩溶发育带或主要含水层(组),最大深度不宜超过 200 m。
b) 工程地质钻孔,在薄覆盖型岩溶区,孔深应达到基岩面以下 20 m;厚覆盖型岩溶区和浅埋藏型岩溶区,孔深一般不超过 100 m。
c) 为满足采样和测试要求,一般在土层中孔径不小于 110 mm;在岩石中孔径不小于 91 mm。为进行专门试验的孔,其孔径大小按需要确定。

7.4.4 钻孔取芯应满足以下规定:
a) 全孔连续钻进取芯;其中土层应干钻;碳酸盐岩和有意义的隔水层应清水钻进。
b) 岩芯采取率:黏性土和完整岩石不低于 80%,砂类土不低于 70%,软土、砾类土、溶洞充填物和破碎带不低于 60%;无芯间隔不得超过 1 m,其中黏性土不得超过 0.5 m。
c) 取样孔数占总孔数 1/3 以上,分层采取,每一主要土层、底部土层、土层扰动带、岩溶充填物取样数量不应少于 6 组。取样工具和方法参照《岩土工程勘察规范》(GB 50021)的有关规定。

7.4.5 对垂直钻孔,要求每 50 m 测量一次垂直度,每深 100 m 允许偏差为 ±2°;对斜孔,要求每 25 m 测量一次倾斜角和方位角。

7.4.6 钻孔简易水文地质观测应满足以下要求:
a) 观测钻孔初见水位和静止水位。
b) 钻孔中见地下水位后,要求每班测孔内水位一次。
c) 观测漏水、涌水和水色变化的起止深度。
d) 有条件时,还应作钻孔中岩溶水定深测温。

7.4.7 钻进过程中,应注意观测钻具自然下落和自然减压的起止深度,测定被揭露溶洞、土洞的起止埋深、充填程度(全充填、部分充填、无充填)。

7.4.8 钻孔编录工作的主要内容是:钻孔编号、位置、孔口高程、岩石(土)描述、岩芯素描或照相、岩溶及裂隙测量和岩石质量指标(RQD)统计、简易水文地质观测、采样记录和野外测试记录、钻孔结构和施工情况。

7.4.9 钻孔及岩芯保护应满足以下要求:
a) 为了今后统测地下水位的需要,每个见水钻孔宜安装 PVC 花管并做好孔口保护,参见附录 C。
b) 岩芯应按回次顺序摆放整齐、填写标牌,标牌应记录有钻孔孔号、位置、各岩土层深度及厚度、施工日期等,最后照相存档。
c) 岩芯保管按照有关规范要求进行。

7.4.10 轻便钻探:为提高隐伏岩溶探测精度,鼓励使用轻便钻机进行更大数量的钻探工作,以确定土层厚度、岩性、土层结构,以及基岩岩性特征。

7.4.11 钻孔完工后,如不作其他用途,须采用黏土或水泥砂浆妥善回填封孔。

7.5 槽探和浅井

7.5.1 槽探和浅井的目的是了解岩、土层界线、岩溶形态(溶沟、溶槽、溶蚀裂隙)、浅部土洞发育情况、包气带松散岩层的渗透系数,以及进行采样或者进行现场试验。

7.5.2 槽探、浅井的深度应根据调查中需要解决的问题和施工安全具体确定:槽探深度不宜超过3m;浅井深度不宜超过地下水位,且不宜超过20 m。

7.5.3 槽探、浅井,包括基坑取样个数每套地层不少于6组。

7.5.4 对槽探、浅井揭露的地质现象都须及时进行详细编录和制作大比例尺(一般为1:20～1:100)的展视图或剖面图,内容包括:地层界线、岩性特征、构造特征、水文地质与工程地质特征、取样位置、原位测试位置等,并辅以代表性部位的彩色照片。

7.6 物探

7.6.1 物探的目的

a) 探测岩、土体的分布、岩性及界面起伏情况。

b) 探测地下土洞、溶洞(或岩溶管道)、岩溶发育带的分布位置、发育深度和程度、规模、埋藏条件和充填情况。

7.6.2 可行性论证阶段物探方法的选择

a) 城区地面建筑密度大、电磁和振动强干扰强烈,推荐使用地质雷达、高精度重力、微动测量、跨孔CT和井中雷达。

b) 村镇区推荐使用地质雷达、高密度电法、浅层地震、微动测量、可控源音频大地电磁CSAMT(V8)、音频大地电磁AMT(EH4)、跨孔CT和井中雷达。

c) 物探作业方法:野外作业中,工作参数的选择,检查点的数量,观测精度,测点、测线平面位置和高程的测量精度,仪器的定期检查、操作和记录,应遵循有关物探规范的要求。

7.6.3 施工图勘查阶段和补充勘查阶段物探方法选择

应以井中物探为主,包括跨孔电磁波(弹性波)CT、井中声呐三维扫描、井中地质雷达。

7.6.4 物探报告编制

应结合水文地质条件对物探实测资料进行综合分析,单独编写物探报告,附各种物探解译推断成果图件。

7.7 测试与试验

7.7.1 测试与试验的目的是了解岩、土体和地下水的特征值数据和必要的工程地质、水文地质参数,为研究岩溶发育规律和岩溶地貌塌陷发育背景提供定量指标。

7.7.2 原位测试:对一般土体,常用的原位测试方法有静力触探、动力触探和标准贯入试验。

7.7.3 示踪试验:为了查明岩溶水系统的展布及其流速、流向或塌陷下方是否存在地下强径流带,可根据需要布置示踪试验,常用方法有化学示踪法、荧光素(染色)示踪法、漂浮示踪法、同位素示踪法等。其方法选择的技术要求,可参照有关规定和工作经验确定。

7.7.4 抽水试验:抽水试验的目的是查明含水层的渗透性和富水性,取得有关的水文地质参数,可根据需要布置少量抽水试验,抽水试验应按照现行《水利水电工程钻孔抽水试验规程》(SL 320)有关规定执行。

7.7.5 注水试验:注水试验的目的是查明含水层的渗透性,取得有关的水文地质参数,可根据需要布置少量注水试验,注水试验应按照《水利水电工程注水试验规程》(SL 345)的有关规定执行。

7.7.6 室内试验应符合以下规定：

  a) 原状土样渗透变形试验：在室内开展渗透变形试验,测定土体在地下水作用下发生渗透变形(潜蚀)的临界水力坡度,确定地下水作用下岩溶地面塌陷发育判据。

  b) 常规土工试验：测定土的物理力学性质指标,进行土的分类,结合原位测试成果,评价土的工程地质性质。一般包括：崩解试验、密度、天然重度、干重度、天然含水量、孔隙比、饱和度、颗粒分析、颗粒成分、压缩系数、内聚力、内摩擦角。黏性土应增测塑性指标、无侧限抗压强度等。砂土应增测最大干密度、最小干密度、颗粒不均匀系数、相对密度、渗透系数等。

  c) 水化学分析：测定岩溶地下水的水化学性质,了解区域地下水类型及其溶蚀能力。应对工作区主要水点取样进行水质简分析。对地下水统测点,应在统测水位的同时,采用便携式水化学测试仪测量地下水水温、电导、pH 值。

7.8 监测

7.8.1 岩溶地面塌陷水动力条件监测

  a) 目的是为岩溶地面塌陷的评价、预测和防治工程方案提供依据。岩溶地面塌陷动力监测应结合勘探钻孔进行,包括第四系土层水位和岩溶管道裂隙系统水气压力(水头)的监测。

  b) 监测方法包括人工监测和自动监测,人工测量每月应不少于 2 次,自动监测的采样间隔不大于 20 min。

  c) 为能捕捉到引发岩溶地面塌陷的岩溶水动力因素的变化,建议尽量采用全自动记录设备。

7.8.2 地面变形监测技术要求

  a) 埋设标石,开展地面变形监测。

  b) 标石的布置应穿越主要塌陷(沉陷)区和地裂缝分布区。

  c) 监测内容包括地面变形、错位,建筑物变形、破坏。

  d) 监测周期：自动监测的采样间隔 1 d,人工监测时间间隔 3 d～5 d,变形明显加速时,应适时加密。

  e) InSAR 数据满足要求时,可进行 InSAR 监测。

7.8.3 地下岩溶监测技术要求

  a) 可采用光纤传感监测和地质雷达监测相结合进行地下岩溶监测。

  b) 监测线的间距应小于 10 m,测线拐点应埋设永久标志,测量拐点坐标。

  c) 采用光纤传感监测时,光纤埋深应大于 2 m。

  d) 监测频率每年 2～4 次。

7.8.4 地下水位统测

  a) 应对所有监测点进行地下水位统测,枯、丰水季节各 1 次。

  b) 统测应采用直读式高精度水位计,读数精度 1 mm 以上。

7.8.5 监测周期

  监测工作应从可行性论证阶段起,贯穿到防治工程结题验收。

T/CAGHP 076—2020

8 立项论证阶段调查

8.1 一般规定

8.1.1 立项论证阶段调查是为满足编制立项建议书而开展的地质调查工作。

8.1.2 立项论证阶段调查应以资料收集、遥感调查、地面踏勘为主。

8.2 资料收集

8.2.1 通过收集岩溶地面塌陷调查报告、岩溶地面塌陷应急调查报告、地质灾害详细调查报告等资料和遥感解译，初步掌握岩溶地面塌陷发育分布现状，了解岩溶地面塌陷发生的时间、地点、塌陷坑数量、规模、危害情况，了解诱发岩溶地面塌陷的工程活动条件。

8.2.2 通过收集勘查区基础地质、水工环地质调查资料和气象资料，了解区域地质条件、场区岩溶发育特点、岩溶水文地质与工程地质条件，初步了解岩溶地面塌陷场地所处的岩溶地下水系统边界和场地在系统的位置。

8.3 现场踏勘

8.3.1 核实岩溶地面塌陷发生的时间、地点、塌陷坑数量、规模、危害情况，划分岩溶地面塌陷的成因类型，初步圈定岩溶地面塌陷影响范围。

8.3.2 核实诱发岩溶地面塌陷的工程活动状况。

8.3.3 根据岩溶地面塌陷影响范围、岩溶水文地质单元的边界，初步评估岩溶地面塌陷的稳定性和危害性，确定岩溶地面塌陷防治工程勘查的范围。

8.4 立项建议书编写

以岩溶地面塌陷发育现状以及场地岩溶发育特征为基础，分析岩溶地面塌陷对区内人民群众生命财产安全、国民经济建设和地质环境可能带来的重大影响，编制岩溶地面塌陷防治立项建议书，图件比例尺应不小于1∶1万。

9 可行性论证阶段勘查

9.1 一般规定

9.1.1 可行性论证阶段勘查是岩溶地面塌陷防治工程勘查的重要阶段，应满足岩溶地面塌陷防治项目工程方案决策的要求。

9.1.2 应基本了解场地岩溶地面塌陷所处地质环境条件，基本查明已有塌陷坑的位置、规模形态、发生时间和成灾特点，了解土层物理力学性质、土层结构和厚度、基岩岩性和地质构造、地下水动态变化特点、岩溶水文地质与工程地质条件。

9.1.3 应分析岩溶地面塌陷成因，初步圈定溶洞、地下河、地下水强径流带等岩溶发育带，初步查明可能诱发岩溶地面塌陷的主要因素，圈定影响范围，进行岩溶地面塌陷易发性评价，根据岩溶地面塌陷发育规律，初步提出科学合理的岩溶地面塌陷防治建议方案。

9.1.4 勘查区范围应覆盖场地所处的整个岩溶水文地质单元或岩溶水系统。如整个岩溶水文地质单元过大，至少应覆盖诱发场地内岩溶地面塌陷的工程活动影响区域。

9.1.5 勘查区可分为重点勘查区和一般勘查区：
   a) 重点勘查区应包括岩溶发育强烈的地区，如地下水强径流带、构造带和纯碳酸盐岩分布带等；受已有岩溶地面塌陷影响的地区；重要工程场址分布区。
   b) 一般勘查区包括除重点勘查区外的其他地区。

9.1.6 勘查过程中，应及时整理、填写相关卡片，见附录A。

9.2 资料收集

9.2.1 进一步收集地质灾害调查和危险性评估资料。

9.2.2 收集1：5万、1：20万及其他水工环地质调查资料。

9.2.3 进一步收集水文、气象资料，掌握多年平均降雨量、24 h最大降雨量等信息。

9.3 区域地质环境条件调查

9.3.1 以资料收集、遥感解译为主，调查区域地貌类型和地貌分区，遥感解译精度应大于1：1万。

9.3.2 以资料收集为主，了解区域断裂活动特征、地震活动特征，分析活动断裂与岩溶地面塌陷关系。

9.3.3 调查区域地质条件，分析场地地形地貌、地层岩性、地质构造等特点，进行地质剖面测量，参见附录B。

9.3.4 调查场地所处的岩溶水文地质单元范围内可能诱发岩溶地面塌陷的人类工程活动，包括抽水井、矿山、地下工程、基坑工程、桩基工程等，分析人类工程活动与岩溶地面塌陷的关系。

9.4 水文地质与工程地质测绘

9.4.1 开展岩溶地面塌陷水文地质与工程地质测绘应采用1：500～1：1 000比例尺的地形底图。

9.4.2 观测线路的布置应符合下列规定：
   a) 应采用"穿越法与追索法"和"网格法"相结合的方法确定观测线路。
   b) 线路应垂直地层（构造）走向布置。
   c) 线路间距不大于50 m，观测点间距不大于20 m。
   d) 对线状分布的岩溶地质迹象，应沿走向追索。
   e) 对于勘查区陡峭攀爬困难地段可用无人机等手段采集地形地貌、地质构造、岩性等信息。

9.4.3 开展岩溶地面塌陷发育分布特征调查，如塌陷坑已回填处置，应收集应急调查资料，无应急调查时，应通过走访调查获取资料。岩溶地面塌陷调查应查明以下内容，填写相关表格：
   a) 岩溶地面塌陷的地理位置、发生与持续时间；塌陷坑数量、影响范围、塌陷成因、现阶段稳定性。
   b) 岩溶地面塌陷危害与防治现状，岩溶地面塌陷直接损失、间接损失，对地质环境影响，岩溶地面塌陷监测及防治状况。
   c) 塌陷坑及伴生地裂缝测量，测量塌陷坑坐标位置、平面形态、剖面形态，测量地裂缝的坐标位置、长度、宽度、深度等，测量精度应控制为比例尺不小于1：100，所有塌陷坑均应绘制平面图、剖面图。
   d) 调查土洞发育分布特征，包括空间位置、规模、形态、充填情况。

9.4.4 地质条件调查应符合下列规定：
   a) 应包括可溶岩地层岩性、结构构造、层组组合及岩溶发育特征，岩溶堆积物成因类型、成分与结构、分布与产状。
   b) 非可溶岩地层岩性、构造与分布。
   c) 第四系覆盖层的岩性、结构、厚度，特别注意砂土的组成、厚度、分布范围，调查下伏黏性土的塑性状态、分布、缺失情况。
   d) 绘制基岩地质图和第四系土层结构分区及厚度等值线图。
   e) 调查岩溶形态的类型、位置、规模、充填情况等，对溶洞应进行洞穴测量，测制平面图、剖面图。

9.4.5 地下水调查应符合下列规定：
   a) 调查泉点、溶潭（井）、地下河出口等发育分布情况，统测地下水水点的水位、水量、水质。
   b) 分析岩溶地下水流场特征和水位（水头）埋深与基岩面的关系及其动态变化，岩溶含水层组间的水力联系及与第四系孔隙水和地表水体的关系。
   c) 圈定岩溶地下水强径流带。

9.4.6 对调查区内分布的红黏土应进行专门的调查，并应符合下列规定：
   a) 调查红黏土的成因类型、粒度、矿物及化学成分，孔隙和裂隙发育特征、厚度变化规律等。
   b) 调查红黏土的工程地质性质，特别是胀缩性、崩解性及软化性等，调查其强度随含水量和塑性状态的变化。
   c) 调查第四系底部基岩面附近，特别是岩溶漏斗、洼地、溶沟、溶槽谷等负地形中软流塑状软土发育情况，主要调查岩性结构、组成成分、成因、厚度、产状与工程地质性状。

9.4.7 调查可能引发岩溶地面塌陷的人类工程活动特点、分布，包括民井、机井、地下隧道、基坑工程、桩基工程等，调查开采量（排水量），填写相关表格。

9.5 勘探和测试

9.5.1 应初步查明影响控制岩溶地面塌陷发育的地下岩溶发育带、地下水强径流带、大型隐伏岩溶形态的空间分布特点，了解土洞及土层扰动带等岩溶地面塌陷隐患分布特征，了解触发岩溶地面塌陷的动力条件类型、动态变化特点，地下水水位、流向和动态，采取岩土试样。

9.5.2 宜采用钻探、山地工程和物探等多种方法手段开展勘探工作。物探宜在钻探之前进行，实现面上控制，并据此布置勘探线和钻孔孔位；在钻探过程中，可根据实际需要，结合钻探开展物探工作，圈定异常点；同一物探剖面宜部署两种或以上方法，以便进行对比，物探宜布置钻探验证工作量，可采用交叉布设方式进行检查，以保证物探成果的可靠性。

9.5.3 勘探线点布置应符合以下规定：
   a) 钻探和山地工程勘探线宜与物探线一致，宜布置在重点勘查区，根据实际情况，可在重点勘查区外布置少量勘探点。
   b) 地下岩溶发育带、地下水强径流带的探测应垂直主要构造线方向布置勘探剖面线，可采用主—辅剖面法，主剖面穿越整个场地，主剖面之间的关键地段可布置辅剖面。勘探线间距小于 50 m，勘探点间距小于 30 m。
   c) 土洞及土层扰动带的探测应重点布置在岩溶地面塌陷高风险地区，勘探线间距小于 30 m，勘探点间距小于 20 m。

9.5.4 物探方法布置应符合以下规定：
a) 结合测区地形地貌、地质条件、物性差异、噪声干扰等因素，因地制宜，合理选择综合物探方法。表8列出不同探测目的适用的主要物探方法。
b) 地面物探工作开展前应进行物探方法一致性试验和物性测试。
c) 对覆盖层探测，点距应小于5 m；对基岩探测，电磁法点距应小于25 m，其他地面物探点距应小于10 m；井中物探探测溶洞、裂隙等点距应小于1 m。发现异常应加密探测点，以确定异常性质或异常区范围。

表8 岩溶地面塌陷不同探测目的适用的主要物探方法

探测目的	物探方法
覆盖层结构和厚度	地质雷达法，地震折射法，高密度电法，地震反射法
基岩埋深及起伏	高密度电法，瑞雷面波法，地震折射法，地震反射法，地质雷达法，瞬变电磁法，音频或可控源音频大地电磁法
土洞、软土、塌陷	地质雷达法，地震反射法，高精度重力法，瑞雷面波法，高密度电法，放射性法
溶洞、裂隙	井中物探，高密度电法
地下河、岩溶水库渗漏	充电法，自然电场法，井中物探，高密度电法，瞬变电磁法，音频或可控源音频大地电磁法
地下水流速、流向	充电法，自然电场法
古河道	高密度电法，地震反射法，瞬变电磁法，音频或可控源音频大地电磁法
风化带	地震折射法，高密度电法，瑞雷面波法
可溶岩与非可溶岩接触面及富水性	高密度电法，瞬变电磁法，音频或可控源音频大地电磁法，激电法，微动法
断层、破碎带、岩溶发育带及富水性	高密度电法，地震折射法，瞬变电磁法，可控源音频大地电磁法，放射性物探，微动法，激发极化法
岩体松动带、岩石完整性、动弹性力学参数	地震折射法，声波测井
溶洞、溶蚀缝隙形态及充填特征	超声波测井，声呐测井，井中三维激光扫描
注1：不同深度(D)的选择 　　当$D \leq 10$ m：地质雷达法，地震折射法，瑞雷面波法。 　　当$10 < D \leq 30$ m：地震折射法，瑞雷面波法，高密度电测深法，地震反射法。 　　当$30 < D \leq 50$ m：高密度电测深法，地震反射法。 　　当$D > 50$ m：高密度电法，瞬变电磁法，音频或可控源音频大地电磁法。 注2：其他定位方法选择 　　高密度联合剖面法，充电法，自然电场法，高精度重力法，放射性物探，微动法。 注3：定性方法选择 　　富水性：激电法，微动法。 注4：高精度定位 　　井中物探：井中雷达，跨孔电磁波法，跨孔声波法、跨孔电阻率成像等。	

9.5.5 钻探布置应符合以下规定：

a) 钻探应沿勘探线布置，钻孔间距重点勘查区 30 m～50 m，一般勘查区 200 m～500 m，同时考虑井中物探、监测等需要，尽量做到一孔多用。钻探包括控制性探测的水文地质钻探、一般性探测的工程地质钻探和轻便钻探，水文地质钻孔数量不少于总钻孔数量的 1/3。

b) 水文地质钻探应综合考虑查证水文地质结构、获取水文地质参数、验证物探解译结果的需要，工程地质钻探主要以查明覆盖层工程性质和下伏基岩岩性为重点。

c) 为充分获取浅部第四系土层类型、结构、厚度、土洞及土层扰动带分布等参数，可使用背负式钻机、小口径麻花钻、小口径勺形钻、洛阳铲等轻便钻机进行钻探。

d) 见水钻孔宜安装 PVC 花管，安装孔口保护装置，以便作为监测点使用。

9.5.6 山地工程应符合以下规定：

a) 山地工程以槽探、浅井为主。

b) 对典型岩溶地面塌陷点或岩溶地面塌陷隐患点，应布置适量山地工程，以详细了解塌陷区第四系土层性质、结构特征，并进行原状土取样。

c) 对槽探、浅井揭露的地质现象应及时进行详细编录、拍照或录像，并绘制大比例尺（1∶20～1∶100）的展视图或剖面图，内容包括：地层岩性界线、结构、构造特征，岩溶（溶沟、溶槽、溶潭、溶蚀裂隙、土洞）特征，工程地质特征，取样位置等。

d) 山地工程完工，获取相应地质数据后，应回填封坑。

9.5.7 原位测试应符合以下规定：

a) 原位测试方法有静力触探、动力触探、标准贯入试验和十字板剪切试验等。

b) 每一主要土层原位测试数据不应少于 6 组。

c) 相关要求参照《岩土工程勘察规范》(GB 50021)。

9.5.8 每一个岩溶地下水强径流带应进行 1 组以上示踪试验，常用方法有化学示踪法、荧光素（染色）示踪法、同位素示踪法等，示踪试验可结合抽水试验进行，具体要求参考有关规定，试验前应做好单项组织设计和应急预案。

9.5.9 抽水、注水试验应满足以下规定：

a) 水文地质孔应进行抽水试验，不具备抽水试验条件时，可进行注水试验，具体要求参照《水利水电工程钻孔抽水试验规程》(SL 3201)和《水利水电工程注水试验规程》(SL 345)相关规定。

b) 抽水试验应避免在人口密集区、重大工程区开展，同时，应做好地下水位、浑浊度、地面变形的实时监测，发现异常，及时停止，降低诱发岩溶地面塌陷的风险。

9.5.10 常规土工参数测试指标应包括含水率、密度、相对密度、颗粒级配、界限含水率、直剪、湿化（崩解）、膨胀率等，参照《土工试验方法标准》(GB/T 50123)相关要求进行。

9.5.11 岩石试验应符合以下规定：

a) 每种主要类型岩石取样数量不应少于 6 组。

b) 碳酸盐岩等可溶岩应作化学分析，测定 CaO、MgO、SiO_2 和 R_2O_3 等含量，必要时进行比溶解度、比溶蚀度试验。

c) 常规物理力学性质参照《工程岩体试验方法标准》(GB 50266)相关要求执行。

9.5.12 渗透变形试验应符合以下规定：

a) 测定土体在地下水作用下发生渗透变形（潜蚀）的临界水力坡度，确定地下水作用下岩溶地面塌陷发育判据。

b) 每个钻孔、大型基坑、探槽都应取渗透变形样,每一主要土层、第四系底部土层、土层扰动带、岩溶充填物取样数量不少于3组。

c) 渗透变形实验参照《粗颗粒土的渗透及渗透变形试验》(SL 237—056)执行。

9.5.13 水化学分析应符合以下规定:

a) 对所有的地下水统测点,均应在统测时取样进行水质简分析,测定岩溶地下水的水化学性质、地下水类型,从化学场的角度分析岩溶发育规律,评估地下水对灌浆加固材料的腐蚀性。

b) 在统测水位的同时,应采用便携式水化学测试仪测量地下水水温、电导率、pH值等。

9.6 监测

9.6.1 可行性论证阶段监测应初步了解岩溶地面塌陷形成演化的特点和动力变化特征,评估防治的紧迫性和必要性,并提出防治建议。

9.6.2 监测内容包括岩溶地面塌陷水动力监测和地面变形监测。

9.6.3 监测技术要求参见岩溶地面塌陷监测规范。

9.7 施工条件调查

9.7.1 结合可能采取的岩溶地面塌陷防治工程(反滤回填、注浆、减压等)技术,调查施工场地、工地住房、工作道路的地形地貌条件,初步调查场地及附近是否存在地下管线、文物、地质遗迹等,并进行安全评估。

9.7.2 初步调查防治工程所需天然材料。

9.7.3 对防治工程所需的水源分布进行踏勘,初步评价防治工程及生活用水需水量和水质,提出供水建议。

9.8 综合研究和勘查报告编写

9.8.1 综合研究

a) 岩溶地面塌陷发育分布规律:已有岩溶地面塌陷、土洞、土层扰动带的成因类型、时空分布规律,岩溶地面塌陷与下伏地层岩性、土层特性、岩溶发育程度、地下水动力条件和人类工程活动条件的关系。

b) 岩溶发育特征综合分析:根据碳酸盐岩岩溶层组类型、岩溶个体形态类型、地下水强径流带及岩溶发育深度等,将岩溶发育程度划分为强、中、弱3个等级。

c) 第四系土层抗塌性能综合分析:土层岩性与结构组合、土层厚度和土层渗透变形特性等。

d) 岩溶地面塌陷动力条件综合分析:根据地下水位统测结果,编制岩溶(第四系)地下水位等值线图,分析地下水位降落漏斗的成因、特点和规律;按≥10 m、5 m~10 m、<5 m 3个等级,分析地下水年变化幅度的空间变化特点。根据岩溶地面塌陷水动力条件监测结果,分析诱发岩溶地面塌陷的岩溶管道裂隙系统水气压力最大变化速度,连续1 h、3 h、6 h、12 h、24 h最大变化幅度,分析导致急剧变化的原因。

e) 综合分析相关资料,绘制专题图件,开展岩溶地面塌陷易发性评估、易损性评估和风险评估(参见附录D)。

f) 高风险区应作为岩溶地面塌陷重点防治区。

9.8.2 岩溶地面塌陷勘查报告

a) 岩溶地面塌陷勘查报告内容应包括序言、地质环境条件、岩溶水文地质与工程地质条件、岩溶地面塌陷发育分布特征、岩溶地面塌陷成因机理和演化规律、岩溶地面塌陷动力条件、岩溶地面塌陷易发性评估、岩溶地面塌陷社会经济易损性评估、岩溶地面塌陷风险评估、岩溶地面塌陷重点防治区及工程方案建议等。

b) 岩溶地面塌陷勘查报告附图应包括岩溶地面塌陷、土洞和软土分布图、水文地质图、基岩地质图、第四系结构分区及厚度等值线图、岩溶地面塌陷防治工程方案布置建议图。

c) 岩溶地面塌陷勘查报告附件应包括地球物理勘探报告、钻探报告、岩土物理力学测试报告、岩溶地面塌陷水动力条件监测报告、岩溶地面塌陷变形监测报告等原始附件。

10 施工图阶段勘查

10.1 一般规定

10.1.1 施工图设计阶段勘查区范围应覆盖可行性论证阶段圈定的重点防治地区。

10.1.2 查明现有塌陷坑、沉陷带、地裂缝的规模形态及周边岩土特征,查明溶洞、土洞、土层扰动带、砂层与岩溶直接接触带等地下岩溶地面塌陷隐患点空间位置、规模形态,查明地下水水位动态变化。

10.1.3 查明水文地质参数和岩土工程性质,查明可能诱发岩溶地面塌陷的工程活动的类型、影响范围,提交满足工程设计要求的勘查报告。

10.2 水文地质与工程地质测绘

10.2.1 以可行性论证阶段勘查所圈定的岩溶地面塌陷防治区为重点,开展大比例尺测绘。工作底图比例尺以 1:200～1:500 为宜。

10.2.2 观测线路间距不大于 30 m,观测点间距不大于 15 m。

10.2.3 应采用纵横网格进行测绘,测绘内容包括每个塌陷坑、沉陷带、地裂缝发育分布,地形、地层岩性、地质构造、地表岩溶形态。结合钻探、井探、物探等,绘制纵横向水文地质与工程地质剖面图。

10.2.4 结合物探、钻探、槽探等,圈定地下岩溶强径流带、溶洞、地下河、土洞、土层扰动带、岩溶沟槽等岩溶地面塌陷隐患点的规模形态。

10.2.5 查明抽水井、矿山、隧道以及基础工程施工点的位置、抽排水强度、施工周期。

10.3 勘探和测试

10.3.1 勘探方法应以钻探和井中物探为主。

10.3.2 应结合地质条件和防治工程方案,在可行性论证阶段的勘探线基础上,进行加密勘查,勘探线间距应小于 20 m,勘探点间距应小于 15 m,勘探线应穿越主要塌陷坑、沉陷带、裂隙发育带。

10.3.3 对钻探揭示的基岩面以下 10 m 范围内的溶洞,应通过加密钻孔探明溶洞边界。

10.3.4 施工的钻孔应开展原位测试、取样、注(抽)水试验要求见 7.4。

10.3.5 所有钻孔均应安装 PVC 套管,以便开展井中物探和岩溶地面塌陷动力条件监测。

10.4 监测

10.4.1 应在可行性论证阶段布置的监测点的基础上,适当增加补充监测工作,包括监测岩溶地面塌陷动力条件、地表变形、裂缝扩展,监测方法体应以自动监测为主。

10.4.2 监测技术要求参见岩溶地面塌陷监测规范。

10.5 施工条件调查

10.5.1 调查施工场地、工地住房、工作道路的地形地貌条件,查明受施工影响的地下管线、文物、地质遗迹的位置,并进行影响评估。

10.5.2 调查防治工程所需材料,对材料来源提出建议。

10.5.3 调查防治工程所需的水源,评价防治工程及生活用水需水量和水质,提出供排水建议。

10.6 综合研究及勘查报告编制

10.6.1 开展综合研究,根据岩溶地面塌陷发育特点,针对已有塌陷坑、沉陷区、地裂缝、土洞、土层扰动带、强岩溶发育带、岩溶地面塌陷水动力剧变带,划分防治工程分区,评价岩溶地面塌陷稳定性(附录G),提出防治方法建议。

10.6.2 岩溶地面塌陷防治工程勘查报告应包括前言、岩溶水文地质工程地质条件、岩溶地面塌陷发育分布特征、岩溶地面塌陷隐患点发育特征、诱发岩溶地面塌陷的人类工程活动及影响范围、岩溶地面塌陷防治分区及防治方法建议,提出不同防治方法的经费概算等。

10.6.3 提供岩土物理力学测试、水文地质测试、原位测试等防治工程所需设计参数试验、岩溶地面塌陷监测等专题报告。

10.6.4 结合岩溶地面塌陷防治工程分区,应专门提交供设计图使用的工程地质图册,包括防治工程分区图,塌陷点、塌陷隐患点的平面图、立面图、剖面图,钻孔柱状图及综合工程地质图等图件。

11 施工阶段补充勘查

11.1 一般规定

11.1.1 施工阶段的补充勘查是指防治工程实施期间,对开挖和施工钻孔所揭示的地质露头的地质编录、重大地质结论变化的补充勘探和竣工后的地形地质测绘,编制施工前后地质变化对比图,并对处置效果作出评价。

11.1.2 补充勘查应注意信息反馈,结合防治工程实施情况,及时编录分析地质资料,重大地质结论发生变化或出现可能引发新塌陷等紧急情况时应及时通知业主和相关单位,采取必要的防范措施。

11.1.3 补充勘查应针对现场地质情况,及时提出改进施工方法的意见及处理措施,保障防治工程的施工适应实际工程地质条件。

11.2 施工地质测绘

11.2.1 施工地质测绘应采用观察、素描、实测、摄像、拍照、三维激光扫描等手段编录和测绘施工揭露的地质现象,进行复核性岩土物理力学性质测试。

11.2.2 换填(回填)施工,根据施工开挖最终形成的地质露头,在工程实施前进行工程地质测绘,提交平面图、剖面图、断面图或展示图,并进行照相(摄像)。开挖过程中出现土洞、软土带、岩溶沟槽、石芽等典型岩溶形态应及时加以编录、照相(摄像),留样。

11.2.3 灌浆处置施工,在成孔过程中应及时进行工程地质编录、照相(摄像),特别应注意各种软弱带。在主剖面线的探井内采取软弱带原状样,进行抗剪强度试验,复核或校证原地质报告的结论。

11.2.4 采用灌浆等方法改性加固后,应沿主勘探线进行钻探取样,提供改性后的岩溶地面塌陷体物理力学参数。

11.2.5 钻孔通气法处置施工,在成孔过程中应及时进行工程地质编录、井中成像,获取地下溶洞形态参数,为验算钻孔设计的合理性提供参数。

11.3 勘探

11.3.1 施工期间发现重大地质结论变化,应进行补充工程地质勘查,提交补充工程地质勘查报告。重大地质结论变化包括发生新塌陷、发现新溶洞(土洞)、土层厚度与原报告结论相差20%以上、岩溶发育情况比原报告复杂等。

11.3.2 勘探主要针对变化区进行,应以钻探及跨孔电磁波CT扫描、声呐测量为主。

11.4 监测

11.4.1 在设计阶段监测基础上,针对防治工程,适当补充岩溶地面塌陷监测。除岩溶地面塌陷水动力条件监测和地表位移监测,可在施工区增加地下岩、土体变形分布式监测。

11.4.2 岩溶地面塌陷水动力条件监测和地面变形监测的采样间隔与施工图阶段监测相同。

11.4.3 监测技术要求参见岩溶地面塌陷监测规范。

11.4.4 所有的监测资料要及时整理,每周出具监测报告,掌握施工效果。遇地下水位变化大、岩溶地面塌陷危险加大等特殊情况时,应按天出具监测报告。

11.5 综合研究及施工勘查报告编写

11.5.1 综合分析新获取的勘探和监测数据,编制专题图。

11.5.2 补充工程地质勘查报告,内容包括序言、施工情况采用的主要措施及问题处置过程。

11.5.3 补充工程地质勘查报告附图及附件包括平面图、剖面图、钻孔柱状图、地下水动态监测报告、岩溶地面塌陷变形监测报告等附件材料。

附 录 A
（规范性附录）
野外调查记录卡片

表 A.1 岩溶地面塌陷野外调查记录卡片

<table>
<tr><td colspan="2">统一编号</td><td></td><td>野外编号</td><td colspan="3"></td><td colspan="2">小区/单位名称</td><td colspan="2"></td></tr>
<tr><td colspan="2">位置</td><td colspan="9">省　　市　　县　　乡（镇）　　村　　（自然村）　　（方位）　　m</td></tr>
<tr><td colspan="2">图幅名称</td><td></td><td>比例尺</td><td colspan="3"></td><td colspan="2">经纬度</td><td>E：</td><td>N：</td></tr>
<tr><td colspan="2">图幅编号</td><td></td><td>坐标</td><td colspan="2">X：</td><td>Y：</td><td colspan="3">Z：</td></tr>
<tr><td colspan="2">塌陷时间</td><td colspan="9">　　年　　月　　日　　时　　分</td></tr>
<tr><td rowspan="5">塌陷坑信息</td><td>塌陷坑信息来源</td><td colspan="6">□实测　□估计　□访问</td><td colspan="2">长轴长度/m</td><td></td></tr>
<tr><td>塌陷坑平面形态</td><td colspan="6">□圆形　□椭圆形　□不规则</td><td colspan="2">长轴方向/(°)</td><td></td></tr>
<tr><td>塌陷坑剖面形态</td><td colspan="6">□坛状　□碟状　□圆柱状　□锥状</td><td colspan="2">短轴宽度/m</td><td></td></tr>
<tr><td>下伏基岩是否可见</td><td colspan="3">□是　□否</td><td colspan="3">深度/m</td><td colspan="2">水位埋深/m</td><td></td></tr>
<tr><td colspan="10">有无洞穴存在(□土洞　□溶洞　□溶沟溶槽　□无　□未知)</td></tr>
<tr><td rowspan="2">诱发因素</td><td colspan="10">□钻探　□道路施工　□抽水　□暴雨　□新建筑　□爆破　□地面堆载</td></tr>
<tr><td colspan="10">□矿山排水　□废液　□水库蓄水　□管道渗漏　□未知</td></tr>
<tr><td rowspan="2">塌陷前兆</td><td colspan="10">□井水混浊　□地表水注入　□喷水冒砂　□地面裂缝　□地面沉降</td></tr>
<tr><td colspan="10">□地下水位急剧变化　□其他</td></tr>
<tr><td rowspan="9">地质背景</td><td>地貌类型</td><td colspan="9">□峰林平原　□峰丛谷地　□洼地　□丘陵　□阶地　□其他</td></tr>
<tr><td rowspan="2">土地利用类型</td><td colspan="9">□人口高密度的市区　□人口低密度的郊区　□工业区</td></tr>
<tr><td colspan="9">□铁路　□公路　□水田　□旱地　□林地　□水体　□其他</td></tr>
<tr><td>土层成因类型</td><td colspan="9">□坡残积　□冲积　□洪积　□冲洪积　□湖积　□其他</td></tr>
<tr><td>土体类型</td><td colspan="9">□碎石土　□砂土　□粉土　□黏性土　□其他</td></tr>
<tr><td>土层结构</td><td colspan="9">□单层结构　□双层结构　□多层结构</td></tr>
<tr><td>土层厚度/m</td><td colspan="4"></td><td colspan="2">基岩层位</td><td colspan="2">基岩岩性</td><td></td></tr>
<tr><td colspan="2">附近最近出现的塌坑或湖</td><td colspan="8"></td></tr>
<tr><td>地质资料来源</td><td colspan="9"></td></tr>
<tr><td rowspan="5">所属塌陷群（事件）信息</td><td colspan="2">塌陷事件名称</td><td colspan="8"></td></tr>
<tr><td>塌陷坑个数</td><td colspan="2"></td><td>影响面积/km²</td><td colspan="2"></td><td>规模分级</td><td>□大型</td><td>□中型</td><td>□小型</td></tr>
<tr><td>死亡人数/人</td><td colspan="2"></td><td>受威胁人数/人</td><td colspan="3"></td><td colspan="3">直接损失/万元</td></tr>
<tr><td>灾情分级</td><td colspan="9">□小型　□中型　□大型　□特大型</td></tr>
<tr><td>危害程度分级</td><td colspan="9">□一级　□二级　□三级</td></tr>
<tr><td rowspan="2">灾害状况</td><td colspan="2">是否成为污染地下水的途径</td><td colspan="8">□是　□否</td></tr>
<tr><td colspan="2">处理措施</td><td colspan="8">□回填　□灌注泥浆　□混凝土盖板　□未处理</td></tr>
<tr><td colspan="2">备注</td><td colspan="9"></td></tr>
</table>

调查记录：　　　　　　　　　　　　　　　　　　　　　　　　　　　日期：　　年　　月　　日
互检：　　　　　　　　　　　　　　　　　　　　　　　　　　　　　日期：　　年　　月　　日
抽检：　　　　　　　　　　　　　　　　　　　　　　　　　　　　　日期：　　年　　月　　日
调查单位：

表 A.1 岩溶地面塌陷野外调查记录卡片(续)

平面图示意图	
	图例 □ 1 □ 2 □ 3 □ 4 □ 5 □ 6 □ 7 □ 8
剖面图示意图	
	图例 □ 1 □ 2 □ 3 □ 4 □ 5 □ 6 □ 7 □ 8
照片	照片编号、保存位置等信息

T/CAGHP 076—2020

表 A.2 地貌点野外调查记录卡片

<table>
<tr><td colspan="2">统一编号</td><td></td><td>野外编号</td><td></td><td colspan="2">类型</td><td></td></tr>
<tr><td colspan="2">位置</td><td colspan="6">省　　市　　县　　乡(镇)　　村　　(自然村)　　(方位)　　m</td></tr>
<tr><td rowspan="3">图幅</td><td>名称</td><td></td><td colspan="2">经纬度</td><td colspan="3">E:　　　　N:</td></tr>
<tr><td>编号</td><td></td><td colspan="2">坐标</td><td colspan="3">X:　　　Y:　　　Z:</td></tr>
<tr><td>比例尺</td><td></td><td colspan="2">地层代号</td><td></td><td>地层产状</td><td></td></tr>
<tr><td colspan="2">地貌类型</td><td colspan="7">□峰丛　　□峰林　　□孤峰　　□岩溶丘陵　　□岩溶平原　　□岩溶准平原
□岩溶高原　□岩溶盆地　□岩溶谷地　□岩溶洼地　　□岩溶漏斗
□岩溶槽谷　□其他</td></tr>
<tr><td colspan="2">地貌组合类型</td><td colspan="7">□峰丛—洼地　□峰丛—谷地　□峰林—谷地　□峰林—平原　□孤峰—平原
□溶丘—平原　□溶丘—谷地　□溶丘—洼地　□常态山—干谷　□角峰—干谷
□其他</td></tr>
<tr><td colspan="2">备注</td><td colspan="7">地层岩性、地质构造、土地利用类型

</td></tr>
</table>

调查记录:　　　　　　　　　　　　　　　　　　　　　　　　日期:　　年　　月　　日
互检:　　　　　　　　　　　　　　　　　　　　　　　　　　日期:　　年　　月　　日
抽检:　　　　　　　　　　　　　　　　　　　　　　　　　　日期:　　年　　月　　日
调查单位:

表 A.2 地貌点野外调查记录卡片（续）

平面图示意图	
	图例 ☐1 ☐2 ☐3 ☐4 ☐5 ☐6 ☐7 ☐8
剖面图示意图	
	图例 ☐1 ☐2 ☐3 ☐4 ☐5 ☐6 ☐7 ☐8
照片	照片编号、保存位置等信息

表 A.3 岩溶形态点野外调查记录卡片

统一编号			野外编号			类型		
位置		省	市	县	乡(镇)	村 （自然村）	（方位）	m
图幅	名称			经纬度	E:		N:	
图幅	编号			坐标	X:	Y:	Z:	
图幅	比例尺			地层代号			地层产状	
岩溶个体形态	□溶孔　□溶痕　□溶沟　□溶槽　□落水洞　□竖井　□漏斗　□消溢水洞 □盲谷　□干谷　□溶洞　□溶蚀裂隙　□石芽　□石林　□其他							
地貌类型	□峰丛　　□峰林　　□孤峰　　□岩溶丘陵　□岩溶平原　□岩溶准平原 □岩溶高原　□岩溶盆地　□岩溶谷地　□岩溶洼地　□岩溶漏斗　□岩溶槽谷 □其他							
地貌组合类型	□峰丛—洼地　□峰丛—谷地　□峰林—谷地　□峰林—平原　□孤峰—平原 □溶丘—平原　□溶丘—谷地　□溶丘—洼地　□常态山—干谷　□角峰—干谷 □其他							
备注	岩溶个体形态规模、地层岩性、地质构造							

调查记录：　　　　　　　　　　　　　　　　　　　　　　　　日期：　年　月　日
互检：　　　　　　　　　　　　　　　　　　　　　　　　　　日期：　年　月　日
抽检：　　　　　　　　　　　　　　　　　　　　　　　　　　日期：　年　月　日
调查单位：

表 A.3 岩溶形态点野外调查记录卡片（续）

平面图示意图	
	图例 □1 □2 □3 □4 □5 □6 □7 □8
剖面图示意图	
	图例 □1 □2 □3 □4 □5 □6 □7 □8
照片	照片编号、保存位置等信息

表 A.4 土层点野外调查记录卡片

统一编号		野外编号		类型		
位置		省　　市　　县　　乡(镇)　　村　　(自然村)　　(方位)　　m				
图幅	名称		经纬度	E:	N:	
图幅	编号		坐标	X:	Y:	Z:
图幅	比例尺		基岩层位		基岩岩性	

岩性描述	
底部土层岩性	碎石土：□漂石(块石)　□卵石(碎石)　□圆砾(角砾) 砂土：□砾砂　□粗砂　□中砂　□细砂　□粉砂 粉土：□砂质粉土　□黏质粉土 黏性土：□粉质黏土　□黏土　□含碎石黏土　□含砂砾黏土
土层结构	□单层结构　□双层结构　□多层结构
土层厚度	
备注	地形地貌、地质构造

调查记录：　　　　　　　　　　　　　　　　　　　　　日期：　年　月　日
互检：　　　　　　　　　　　　　　　　　　　　　　　日期：　年　月　日
抽检：　　　　　　　　　　　　　　　　　　　　　　　日期：　年　月　日
调查单位：

表 A.4 土层点野外调查记录卡片（续）

平面图示意图		
	图例 ☐1 ☐2 ☐3 ☐4 ☐5 ☐6 ☐7 ☐8	
剖面图示意图		
	图例 ☐1 ☐2 ☐3 ☐4 ☐5 ☐6 ☐7 ☐8	
照片	照片编号、保存位置等信息	

表A.5 水点野外调查记录卡片

统一编号			野外编号		类型		
位置		省　　市　　县　　乡(镇)　　村　　(自然村)　　(方位)　　m					
图幅名称			比例尺		经纬度	E:	N:
图幅编号			坐标	X:	Y:	Z:	
类型		□泉点　□地下河出口　□溶潭　□消水洞　□竖井　□地表水体　□其他					
地貌类型		□峰丛　□峰林　□孤峰　□岩溶丘陵　□岩溶平原　□岩溶准平原 □岩溶高原　□岩溶盆地　□岩溶谷地　□岩溶洼地　□岩溶漏斗　□岩溶槽谷 □其他					
地貌组合类型		□峰丛—洼地　□峰丛—谷地　□峰林—谷地　□峰林—平原　□孤峰—平原 □溶丘—平原　□溶丘—谷地　□溶丘—洼地　□常态山—干谷　□角峰—干谷 □其他					
特性	气温			水温		浑浊度	
	pH值			电导率/(μs·cm⁻¹)			
	水位埋深/m			水位变化幅度/m			
	流量/(L·s⁻¹)			测流方法	□估计　□仪器		
取样编号							
注解	基岩岩性、地质构造、补径排关系、开发利用情况						

调查记录：　　　　　　　　　　　　　　　　　　　　　日期：　　年　　月　　日
互检：　　　　　　　　　　　　　　　　　　　　　　　日期：　　年　　月　　日
抽检：　　　　　　　　　　　　　　　　　　　　　　　日期：　　年　　月　　日
调查单位：

表 A.5 水点野外调查记录卡片(续)

平面图示意图	图例 □ 1 □ 2 □ 3 □ 4 □ 5 □ 6 □ 7 □ 8
剖面图示意图	图例 □ 1 □ 2 □ 3 □ 4 □ 5 □ 6 □ 7 □ 8
照片	照片编号、保存位置等信息

表 A.6 地层岩性点野外调查记录卡片

统一编号		野外编号		类型			
位置	省	市	县	乡(镇)	村 (自然村)	(方位)	m

图幅	名称		经纬度	E:	N:	
	编号		坐标	X:	Y:	Z:
	比例尺		地层代号		地层产状	

岩性	
岩性组合类型	纯碳酸盐岩类 □灰岩　□白云质灰岩　□灰质白云岩　□白云岩 不纯碳酸盐岩类 □泥质灰岩　□泥质白云岩　□硅质灰岩　□硅质白云岩 □灰质泥岩　□白云质泥岩　□灰质砾岩　□钙质砾岩　□其他 非碳酸盐岩类
沉积组合类型	□均匀状:碳酸盐岩连续厚度＞200 m □间层状:碳酸盐岩连续厚度150 m～200 m □互层状:碳酸盐岩连续厚度50 m～150 m □夹层状:碳酸盐岩连续厚度＜50 m
备注	地形地貌、地质构造

调查记录：　　　　　　　　　　　　　　　　　　　　日期：　年　月　日
互检：　　　　　　　　　　　　　　　　　　　　　　日期：　年　月　日
抽检：　　　　　　　　　　　　　　　　　　　　　　日期：　年　月　日
调查单位：

表 A.6 地层岩性点野外调查记录卡片（续）

平面图示意图	
	图例 □ 1 □ 2 □ 3 □ 4 □ 5 □ 6 □ 7 □ 8
剖面图示意图	
	图例 □ 1 □ 2 □ 3 □ 4 □ 5 □ 6 □ 7 □ 8
照片	照片编号、保存位置等信息

T/CAGHP 076—2020

表 A.7 机(民)井野外调查记录卡片

统一编号		野外编号		类型		名称	
位置	省　　市　　县　　乡(镇)　　村　　(自然村)　　(方位)　　m						
图幅名称		比例尺		经纬度	E:	N:	
图幅编号		坐标	X:	Y:		Z:	
施工时间		施工单位					
使用单位				用途	□生活　□工业生产　□农业灌溉　□其他		
开采层位	□第四系孔隙水含水层　□岩溶含水层　□基岩裂隙水含水层						
地层代号				地层岩性			
井深/m		土层厚度/m			土层结构		
水位埋深/m				水位年变幅/m			
开采方式	□连续　□断续	开采量/(m³·h⁻¹)				日开采时间/h	
水的理化性质	气温/℃		颜色		透明度		气味	
	水温/℃		pH值		电导率/(μs·cm⁻¹)			
拟布监测点/个				水样编号			
备注	水文地质工程地质条件、环境地质问题						

调查记录：　　　　　　　　　　　　　　　　　　　　　　　　日期：　年　月　日
互检：　　　　　　　　　　　　　　　　　　　　　　　　　　日期：　年　月　日
抽检：　　　　　　　　　　　　　　　　　　　　　　　　　　日期：　年　月　日
调查单位：

表 A.7 机(民)井野外调查记录卡片(续)

平面图示意图	
	图例 ☐ 1 ☐ 2 ☐ 3 ☐ 4 ☐ 5 ☐ 6 ☐ 7 ☐ 8
剖面图示意图	
	图例 ☐ 1 ☐ 2 ☐ 3 ☐ 4 ☐ 5 ☐ 6 ☐ 7 ☐ 8
照片	照片编号、保存位置等信息

T/CAGHP 076—2020

表 A.8 工程施工点野外调查记录卡片

统一编号		野外编号		类型		名称	
位置		省　　市　　县　　乡(镇)　　村　　(自然村)　　(方位)　　m					
图幅名称		比例尺		经纬度	E:		N:
图幅编号		坐标	X:	Y:		Z:	
工程名称				场地面积/m²			
施工单位				施工时间(起止)			
施工方式	□人工　□机械　□爆破　□其他						
施工类型	□基坑开挖　□地下工程开挖 □桩基施工　□挖孔桩　□冲孔桩　□旋挖钻　□静压 □钻探施工　□灌浆施工　□其他						
拟布监测点/个							
注解	工程简况、水文地质工程地质条件、环境地质问题						

调查记录：　　　　　　　　　　　　　　　　　　　　　日期：　年　月　日
互检：　　　　　　　　　　　　　　　　　　　　　　　日期：　年　月　日
抽检：　　　　　　　　　　　　　　　　　　　　　　　日期：　年　月　日
调查单位：

表 A.8 工程施工点野外调查记录卡片(续)

平面图示意图	
	图例 □1 □2 □3 □4 □5 □6 □7 □8
剖面图示意图	
	图例 □1 □2 □3 □4 □5 □6 □7 □8
照片	照片编号、保存位置等信息

表 A.9 岩溶地裂缝野外调查记录卡片

统一编号		野外编号		小区/单位名称		
位置	省　　市　　县　　乡(镇)　　村　　(自然村)　　(方位)　　m					
图幅名称		比例尺		经纬度	E：　　N：	
图幅编号		坐标	X：　　Y：　　Z：			
发生时间	年　　月　　日　　时　　分					
地裂缝信息	数据来源	□实测　□估计　□访问				
	平面展布形态	□弧形　□直线形　□折线形　□不规则				
	长度/m		宽度/m		深度/m	
	总体方向					
	塌陷(沉陷)	□有　□无				
诱发因素	□钻探　□道路施工　□抽水　□暴雨　□新建筑　□爆破　□地面堆载 □矿山排水　□废液　□水库蓄水　□管道渗漏　□地震　□未知　□其他					
地裂缝前兆	□井水混浊　□地表水注入　□喷水冒砂　□地面裂缝　□其他					
地质背景	地貌类型	□峰林平原　□峰丛谷地　□洼地　□丘陵　□阶地　□其他				
	土地利用类型	□人口高密度的市区　□人口低密度的郊区　□工业区 □铁路　□公路　□水田　□旱地　□林地　□水体　□其他				
	土层成因类型	□坡残积　□冲积　□洪积　□冲洪积　□湖积　□其他				
	土体类型	□碎石土　□砂土　□粉土　□黏性土　□其他				
	土层结构	□单层结构　□双层结构　□多层结构				
	土层厚度/m		基岩层位		基岩岩性	
	附近最近出现的塌坑或湖					
	地质资料来源					
灾情与危害	死亡人数/人		受威胁人数/人		直接损失/万元	
灾后状况	处理措施	□回填　□灌注泥浆　□混凝土盖板　□未处理				
备注						

调查记录：　　　　　　　　　　　　　　　　　　　　　日期：　年　月　日
互检：　　　　　　　　　　　　　　　　　　　　　　　日期：　年　月　日
抽检：　　　　　　　　　　　　　　　　　　　　　　　日期：　年　月　日
调查单位：

表 A.9 岩溶地裂缝野外调查记录卡片(续)

平面图示意图	（方格坐标图） 图例 □ 1 □ 2 □ 3 □ 4 □ 5 □ 6 □ 7 □ 8
剖面图示意图	（方格坐标图） 图例 □ 1 □ 2 □ 3 □ 4 □ 5 □ 6 □ 7 □ 8
照片	照片编号、保存位置等信息

T/CAGHP 076—2020

表 A.10 工程勘查收集资料点记录卡片

统一编号			野外编号			类型		
施工单位					施工日期			
位置	省　　市　　县　　乡(镇)　　村　　（自然村）　　（方位）　　m							
图幅名称			比例尺			图幅编号		
坐标	X：		Y：		Z：		坐标系统	
经纬度	E： N：	孔深/m			水位埋深/m			测定日期	

土层性质（由上至下）	类型	埋深/m	厚度/m	土洞特征	土洞位置	土洞高度/m	土洞填充情况

岩层性质（由上至下）	类型	埋深/m	厚度/m	溶洞特征	溶洞位置	溶洞高度/m	溶洞填充情况

表 A.10 工程勘查收集资料点记录卡片（续）

典型钻孔编号				工程名称				
钻探深度/m			坐标	X：	初见水位/m		开孔日期	
孔口高程/m				Y：	稳定水位/m		终孔日期	
时代成因	层底深度/m	层底标高/m	分层厚度/m	地质柱状图	水文工程地质简述	井结构		备注
						深度/m	规格/mm	

附 录 B
（资料性附录）
岩溶形态与地貌类型划分

B.1 岩溶形态

岩溶形态类型主要包括石芽、石林（石柱）、峰丛、峰林、孤峰、溶丘、岩溶台地、岩溶垄脊、岩溶坡地、岩溶原野、溶沟（溶槽）、落水洞、漏斗、竖井、斜井、溶潭、溶湖、溶洞、溶隙、溶孔、地下河、洼地、坡立谷、槽谷、盲谷、干谷、塌陷坑等。

B.2 岩溶地貌类型划分

B.2.1 岩溶地貌类型作两级划分，一级为岩溶地貌形态成因分类，二级为岩溶地貌形态组合类型划分。

B.2.2 岩溶地貌形态成因分类见表B.1。

B.2.3 岩溶地貌的形态组合类型是以调查区内主要发育的正负岩溶形态组合而成。常见的组合类型见表B.2。

表 B.1 岩溶地貌形态成因分类表

岩溶平原	岩溶台地	岩溶丘陵	岩溶低山	岩溶中山	岩溶高山
溶蚀平原、溶积平原、岩溶侵蚀平原、岩溶堆积平原、岩溶冲积平原	岩溶低（高）台地、岩溶侵蚀低（高）台地	岩溶低（高）丘陵、岩溶侵蚀低（高）丘陵	岩溶低山、岩溶侵蚀低山	岩溶中山、岩溶侵蚀中山	岩溶高山、岩溶剥蚀高山

表 B.2 岩溶地貌的主要形态组合类型

成因类型	主要形态组合类型
溶蚀	石林溶沟（溶洼）、溶丘洼地、溶丘谷地、峰丛洼地、峰丛谷地
溶蚀—构造	垄脊槽谷、垄岗谷地、溶丘盆地、溶丘原野、溶丘台地、岩溶断陷盆地岩溶断块山地
溶蚀—侵蚀	峰林谷地、峰林平原、孤峰平原、溶丘（残丘）阶地
溶蚀—侵蚀—构造	岩溶高山峡谷、岩溶中山峡谷、岩溶低山河谷、岩溶高原（山原）峡谷、岩溶高原干谷、溶丘干谷

附 录 C
（资料性附录）
监测钻孔成孔工艺

C.1 钻进要求

成孔过程中要求跟套管钻进，套管直径为 89 mm，钻孔应保持垂直。

C.2 护管管材要求

护管应采用 PVC 塑料管，直径不小于 50 mm，放至孔底，水位以下部分应用花管，其孔径为 2 mm～5 mm，成梅花状，孔间垂直间距为 30 mm～50 mm；应在护管底部预留沉沙段，护管连接时，接头应密封处理，以使护管内外地下水完全隔离。

C.3 护管安装

当护管放置到预定深度后，基岩孔：沿套管和护管之间慢速、均匀倒入制备好的黏土 1.0 m 高，与沉沙段相当，其固定护管作用；第四系土层孔：最上面一层含水层以下应倒入粗砂，直到最上面含水层顶面以上才开始倒入黏土进行密封。沉淀稳定 30 min 后即可开始拔起套管；必须特别注意，倒入的黏土不得进入护管内，以防堵塞钻孔。在拔起套管的同时，应用钻杆压住护管，以防其被拔起；拔起套管的速度应缓慢（图 C.1）。

C.4 保护套管要求

终孔后，应在套管内放入护管，然后将套管取出，最后保留保护套管的长度根据具体情况确定，一般入土 2 m 左右即可。

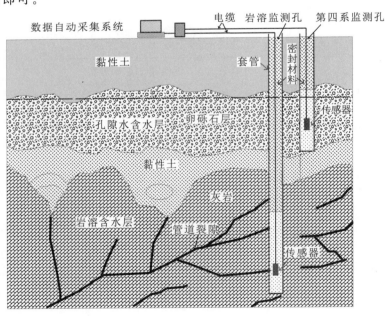

图 C.1 监测成孔及安装示意图

附 录 D
（资料性附录）
岩溶地面塌陷综合评估

D.1 岩溶地面塌陷易发性评估

D.1.1 定性与定量相结合，开展岩溶地面塌陷易发性评估。

D.1.2 从影响岩溶地面塌陷的"岩-土-水"相互作用分析，确定单因素对易发性的影响程度（表 D.1）。

D.1.3 根据基岩岩溶发育程度和覆盖层特性对岩溶地面塌陷易发性的影响，综合评估地质结构对岩溶地面塌陷易发性的影响程度（表 D.2）。

D.1.4 综合考虑地质结构、地下水和现有塌陷密度，进行岩溶地面塌陷易发性评价（表 D.3），岩溶地面塌陷易发性分为高、中、低 3 个等级，编制"工作区岩溶地面塌陷易发性分区图"。

表 D.1 岩溶地面塌陷主要影响因素一览表

评估指标		对岩溶地面塌陷的影响			说明
大类	细类	强	中	弱	
基岩	岩溶发育程度	发育	中等	不发育	就高原则，各级只要有一个满足即定为该级别
盖层	土层厚度/m	≤15	15～30	>30	
	土层结构	多层结构	双层结构	单层结构	
	第四系底部土层岩性	砂土、淤泥	粉土	碎石土、粉质黏土、黏土	
	第四系底部土层液性指数	流塑、软塑	可塑	硬塑、坚硬	
	非可溶岩地层厚度/m	≤10	10～30	>30	
地下水	变化幅度/(m·a^{-1})	≥10	5～10	<5	
	岩溶水承压性	在基岩面上下反复波动	在基岩面以下波动	在基岩面以上波动	
已有塌陷（土洞）	塌陷坑（土洞）密度/(个·10km^{-2})	≥10	2～10	<2	
注：评价中，应包括但不限于本表所列因素。					

表 D.2 地质结构对易发性的影响

评价指标		第四系覆盖层的影响程度			非可溶岩地层影响程度		
		强	中	弱	强	中	弱
基岩岩溶影响程度	强	强	强	强	强	中	中
	中	强	中	中	中	中	弱
	弱	中	中	弱	弱	弱	弱

表 D.3 岩溶地面塌陷易发性评价表

评价指标		地下水影响		
		强	中	弱
地质结构影响	强	高	高	中
	中	高	中	中
	弱	中	中	低
塌陷坑(土洞)密度/(个·10km^{-2})	≥10	高		
	2~10	中		
	<2	低		
注:采用就高原则。				

D.2 岩溶地面塌陷社会经济易损性评估

D.2.1 易损性评估主要依据工作区遥感解译得到的土地利用现状数据,划分不同地类发生岩溶地面塌陷时的社会经济影响程度(表 D.4)。

D.2.2 编制"工作区岩溶地面塌陷社会经济易损性分区图"。

表 D.4 不同土地利用类型岩溶地面塌陷易损性

一级分类	二级分类	易损性	一级分类	二级分类	易损性
耕地		低	特殊用地	军事设施用地	高
园地				使领馆用地	高
林地				监教场所用地	中
草地				宗教用地	中
商服用地	零售商业用地	中		殡葬用地	低
	批发市场用地			风景名胜设施用地	中
	餐饮用地		交通运输用地	铁路用地	高
	旅馆用地			轨道交通用地	高
	商务金融用地			公路用地	高
	娱乐用地			城镇村道路用地	高
	其他商服用地			交通服务站场用地	高
工矿仓储用地	工业用地	低		农村道路	中
	采矿用地			机场用地	高
	盐田			港口码头用地	中
	仓储用地			管道运输用地	高
住宅用地	城镇住宅用地	高	水域及水利设施用地	水库水面	中
	农村住宅用地			坑塘水面	中
公共管理与公共服务用地	机关团体用地	中		沟渠	中
	新闻出版用地	中		水工建筑	中
	教育用地	高		其他	低
	科研用地	中	其他	设施农用地	中
	医疗卫生用地	中		其他	低
	社会福利用地	中			
	文化设施用地	中			
	体育用地	中			
	公共设施用地	中			
	公园与绿地	中			

D.3 岩溶地面塌陷风险评估

根据表 D.5 所列规则,岩溶地面塌陷风险可划分为高、中、低 3 个等级,生成勘查区岩溶地面塌陷风险分区图。

表 D.5 岩溶地面塌陷风险评估规则一览表

风险		易损性		
		高	中	低
易发性	高	高	高	中
	中	高	中	低
	低	中	低	低

附 录 E
（资料性附录）
岩溶发育程度分析

E.1 碳酸盐岩矿物成分分类

根据碳酸岩盐的矿物成分，可概略划分为灰岩类（包括白云质灰岩）、白云岩类（包括灰质白云岩）、泥质灰岩（白云岩）、硅质灰岩（白云岩）等。

E.2 碳酸盐岩岩性组合类型

按填图单位划分岩性组合类型，可分为纯碳酸盐岩：灰岩、灰岩夹白云岩、灰岩和白云岩（互层）、白云岩夹灰岩、白云岩类；次纯碳酸盐岩：灰岩（白云岩）夹泥质灰岩、灰岩（白云岩）和泥质灰岩（互层）；不纯碳酸盐岩：泥质灰岩夹灰岩（白云岩）、泥质灰岩等。

E.3 碳酸盐岩的连续沉积厚度分类

按碳酸盐岩的连续沉积厚度，可分为连续状：碳酸盐岩连续厚度＞200 m；间层状：碳酸盐岩连续厚度 50 m～200 m；互层状和夹层状：碳酸盐岩连续厚度＜50 m。

E.4 岩溶发育程度划分

根据岩溶层组类型、岩溶形态调查、地下水强径流带及岩溶发育深度等，将岩溶发育程度划分为强、中、弱 3 个等级，详见表 E.1。

表 E.1 岩溶发育程度划分一览表

指标		岩溶发育程度		
		强	中	弱
特征	岩溶层组	连续状纯碳酸盐岩为主	间层状次纯碳酸盐岩为主	夹层状不纯碳酸盐岩为主
	岩溶形态	地表有较多的洼地、漏斗、落水洞，地下溶洞发育	有洼地、漏斗、落水洞发育，地下洞穴通道不多	岩溶形态稀疏发育，地下洞穴较少
	地下水强径流带	多岩溶大泉和地下河，区域性构造带	岩溶大泉、地下河较少，小型构造带	无岩溶大泉及地下河
参考性指标	岩溶形态密度/(个·km^{-2})	＞5	1～5	＜1
	钻孔岩溶率/%	＞10	3～10	＜3
	钻孔遇洞率/%	＞60	30～60	＜30
	泉流量/(L·s^{-1})	＞100	10～100	＜10
	单位涌水量/(L·s^{-1}·m^{-1})	＞1	0.1～1	＜0.1
注：钻孔岩溶率是指地表下 100 m 或基岩面下 50 m 以内孔段统计数；对于孔深 100 m 以上全孔岩溶率，指标减半。				

附 录 F
（资料性附录）
不同类型岩溶区地质特征表

表 F.1 给出了不同类型岩溶区地质特征。

表 F.1 不同类型岩溶区地质特征表

主要特征	类型		
	裸露型	覆盖型	埋藏型
地貌组合特征	岩溶山地、峰丛洼地、峰丛谷地、溶丘洼地、垄岗谷地、峰林谷地	峰林平原、孤峰平原、冲积平原、湖积平原、山前冲洪积平原	多见于构造堆积盆地或山前平原中，发育非岩溶地貌
岩溶发育特征	地表岩溶一般较发育，石牙溶沟、漏斗、落水洞等岩溶形态多见；地下岩溶多为溶隙、溶洞	覆盖层下往往有溶沟、溶槽或溶洞，浅部多充填	主要为古岩溶，常有近代岩溶叠置，以溶隙为主，受地质构造控制较明显
水文地质特征	地表水补给强烈，变化幅度大，水动力垂直分带较明显，漏斗和落水洞往往成为地表水灌入补给岩溶水的通道	除岩溶水含水层外，往往存在第四系孔隙水含水层。岩溶水较孔隙水水位动态变化强烈	岩溶水一般具有承压性，自然条件下水位动态变化较小
工程地质特征	一般情况下，岩体坚硬，具不均匀性；地下建筑物存在溶洞充填物溃入的威胁；水工建筑物存在渗漏问题	覆盖层为多种成因的土体组成，土层力学性质变化大；隐伏岩溶发育，基岩面起伏较大，土-岩交界处常分布软土，常有土洞发育，容易发生岩溶地面塌陷	具非岩溶区的工程地质特征

附 录 G
（资料性附录）
岩溶地面塌陷稳定性评价

G.1 岩溶地面塌陷稳定性评价的对象

勘查中发现地下存在土洞、溶洞时，应对其长期稳定性进行评价。

G.2 岩溶土洞稳定性评价

当土洞位于地下水强烈变化带时，应直接判定为不稳定状态；当土洞位于地下水位以上、地下水作用相对较弱时，可以采用"洞顶坍塌自行填塞估算法"计算土洞顶板发展的上限，当土洞顶板厚度大于上限时，可判定土洞会趋于稳定。

G.3 溶洞的稳定性评价

采用"洞顶坍塌自行填塞估算法"计算溶洞顶板发展的上限，当顶板厚度大于上限时，溶洞趋于稳定。

G.4 洞顶坍塌自行填塞估算法

假设现有洞穴形态为半球形（图 G.1），半径等于钻探得到的洞穴高度（h_0），洞穴垮塌稳定时的顶板形态也呈半径为 h_0 的半球形，塌落高度 H 的计算方法如下：

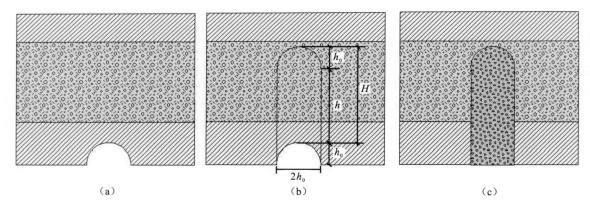

图 G.1 稳定性分析图示

$$VK = V_0 + V \qquad\qquad (G.1)$$

式中：
V_0——原洞体积；
V——新垮塌体积；
K——垮塌体松胀系数。

$V = \pi h_0^2 H$

$V_0 = 2\pi h_0^3/3$

代入公式(G.1),得:

$$H = \frac{2h_0}{3(K-1)} \quad\quad\quad\quad\quad\quad\quad\quad\quad (G.2)$$

一般地,松胀系数 $K = 1.05 \sim 1.15$。